Michael Hubrich • Faszination Dampflok

41 1185-2
F

Michael Hubrich

Faszination Dampflok

Mit Volldampf
durch Deutschland

GeraMond

Ein kostenloses Gesamtverzeichnis erhalten Sie beim
GeraMond Verlag
D-81664 München
www.geramond.de

Layout: Gramma GmbH, Germering
Repro: Scanner Service, Verona
Umschlaggestaltung: Isabell Kovac unter Verwendung eines Fotos von Michael Hubrich
Herstellung: Bettina Schippel, Thomas Fischer

Alle Angaben dieses Werkes wurden vom Autor sorgfältig recheriert und auf den aktuellen Stand gebracht sowie vom Verlag geprüft. Für die Richtigkeit der Angaben kann jedoch keine Haftung übernommen werden. Für Hinweise und Anregungen sind wir jederzeit dankbar.
Bitte richten Sie diese an:
GeraMond Verlag
Lektorat
Innsbrucker Ring 15
D-81673 München
e-mail: lektorat@geranova.de

Titelbild: Plandampf vor der Wartburg. Im April 1999 donnert 41 1185 mit der Regionalbahn 7817 die Rampe westlich von Eisenach hinauf und bringt den Zug über Bad Salzungen bis nach Meiningen

Bildnachweis:
Michael Beitelsmann: 47 oben
Michael Hubrich: Titelbild, Vorsatz und Nachsatz, 8/9, 11, 13, 14/15, 16, 17 (2x), 20, 21, 22/23, 24, 25 (2x), 26, 28, 29, 30/31, 33 – 39, 42 (2x), 43, 44/45, 46, 47 unten, 48 – 55, 57 (2x), 58 oben, 60/61, 61 unten, 62 (2x), 63, 64, 71, 72/73, 79 oben, 82 (2x), 83 (2x), 89 – 91, 93 – 107, 110 oben, 112, 113, 120, 121, 122, 123, 124, 128.
Dirk Höllerhage: 125
Jörg Lempe: 56, 59 (2x), 60 unten, 114, 116/117, 118.
Uwe Miethe: 40, 41, 75, 86/87, 92, 115, 119, 126/127.
Bernd P. Reichert: 32, 68, 70, 74 (2x), 78, 79 unten, 80, 81, 84/85, 88.
Martin Tüshaus: 5, 6, 10, 12, 110/111.

Die Deutsche Bibliothek – CIP Einheitsaufnahme
Ein Titeldatensatz für diese Publikation ist bei Der Deutschen Bibliothek erhältlich.

Printed in Germany by Passavia
ISBN 3-7654-7246-8

Inhalt

41 1231-4
35
9

Vorwort

Bild Seite 5:
ZURÜCK IN DIE HANSESTADT
Von der Nordseeinsel Sylt kommend jagt 01 1100 im Glanz der Abendsonne der Hansestadt Hamburg entgegen

PLANDAMPF IM WINTER
Im Winter beeindruckt die Anfahrt eines Dampfzuges wegen der weit sichtbaren Dampfentwicklung besonders: 41 1231 mit einer langen »Halbstädter«-Schlange bei der Abfahrt in Gehlberg

Bild Seite 8/9:
IMMER WIEDER MAL IM PLAN – Ein Feuerwerk an Dampf und Farben: Die 41 1185 beschleunigt ihren Personenzug bei der Ausfahrt aus dem Bahnhof Genthin. Die stimmungsvolle Aufnahme stammt vom 21. Oktober 1991 – als die Dampfloks bei der Deutschen Reichsbahn noch immer wieder mal im Plandienst anzutreffen waren. Hier beim Plandampf »Viva Magistrale«

Die Dampflok ist tot – es lebe die Dampflok« – das Pathos sei an dieser Stelle verziehen. Doch in der Tat: Obwohl der reguläre Betrieb mit den schwarzen Schönheiten seit einem Vierteljahrhundert in Westdeutschland und immerhin auch schon 14 Jahre auf den ehemaligen Reichsbahngleisen Geschichte ist, erfreut sich die Dampflok nach wie vor ungebrochener Beliebtheit bei Alt und Jung. Kein Wunder, denn nach wie vor dampft es landauf, landab aus allen Rohren. Egal ob an der Küste oder am Alpenrand, in der Eifel oder in der Lausitz: Überall in Deutschland heizen begeisterte Enthusiasten regelmäßig ihre Schmuckstücke an und schicken sie zur Freude der zahlreichen Schaulustigen auf die Strecke. Und sogar den Alltagsbetrieb nach Fahrplan gibt es noch im 21. Jahrhundert, denn nach wie vor werden die Schmalspurbahnen in Mecklenburg-Vorpommern und in Sachsen fast ausschließlich mit Dampf betrieben.

Dieser Bildband erhebt nicht den Anspruch, die Geschichte des Dampfbetriebes in Deutschland ein weiteres Mal darzustellen. Und so wird der Leser die fundierten Abhandlungen über die Einheits- oder Rekoloks vergeblich suchen. Vielmehr möchte dieser Band dazu einladen, den heute noch oder wieder unter Dampf stehenden Lokomotiven nachzuspüren. Der Bogen spannt sich von den großen Schnellzugmaschinen bis zu den kleinen Schmalspurschnaufern. Museumszüge sind ebenso vertreten wie planmäßige Personenzüge. Die große Zeit der Plandampfspektakel lebt ebenso noch einmal auf wie die Ära des DB-Dampflokverbotes, als die noch einsatzfähigen Maschinen auf private Gleise ausweichen mussten. Und schließlich sollen auch die Menschen nicht zu kurz kommen, ohne deren mühsame Arbeit heute keine Dampflok mehr rollen würde. All das und noch viel mehr macht die Faszination der Dampflok heute noch aus – hoffen wir, dass es noch lange so bleibt.

Michael Hubrich

Einleitung
Die schönsten Szenen in Dampf

DOPPELDECKER MIT PLAN
Eine Doppelstock-Vierfacheinheit hat die 41 1231 in der Nähe von Kade an der Landesgrenze zwischen Sachsen-Anhalt und Brandenburg am Haken – Die Plandampf-Aktion »Viva Magistrale« bildete im Oktober 1991 eines der ersten Highlights für Dampf-Enthusiasten aus Ost und West

UND DER HIMMEL WIRD DUNKEL
01 1102 ist im März 1996 mit ihrem ersten offiziellen Sonderzug bei Siegelbach auf der Strecke von Arnstadt nach Meiningen unterwegs. Der stolze Renner mit Stromlinienverkleidung hat einen langen Nostalgiezug am Haken

DOPPEL-DAMPF
Mit doppelter Kraft unterwegs: 65 1057 und 65 1008 bei der Ausfahrt aus Luckau (Strecke Lubben – Uckro – Falkenberg) im August 1991. Die beiden Loks haben mit den paar Bghw-Wagen zwar nicht allzu viel Mühe, für zwei monumentale Dampf-Wolken reicht's dennoch …

DAMPF- UND WETTERWOLKEN
Aprilwetter vom Feinsten.
Die Neubaulok 23 105 zieht einen Sonderzug durch die wolkenverhangene Landschaft bei Bühl. Auf dem flachen Streckenabschnitt hat sie kaum Mühe mit ihrer Fuhre

99 7235-7

WO BLEIBT DIE »NEUE WELT«?
1891 oder 1991? Mit einem Personenzug kommt 997235 gerade in Harzgerode an. Die »neue Welt« hat auch am 13. April 1991 – also mithin eineinhalb Jahre nach dem Fall der Mauer – noch nicht Einzug gehalten. Noch nicht einmal ein Trabbi verirrt sich in die Abendlicht-Kulisse in Harzgerode …

Bild Seite 16:
DER EINE SCHAUT, DER ANDERE STAUNT
Heizer und Lokführer warten auf der 042096 auf neue Instruktionen, inzwischen haben die Besucher des 1. Osnabrücker Dampflokfestes im September 2002 reichlich Gelegenheit, die Lokomotive zu bestaunen und gute, alte Dampf-Luft zu schnuppern

DB
042 096-8

WINTER MIT DAMPF – 94 1292 ist bei bester Schnee- und Wetterlage mit einem Sonderzug über den Rennsteig unterwegs. Die Lok war wegen ihrer Gegendruckbremse auf den Steilstrecken im Thüringer Wald eingesetzt

RUSSEN UND DIE DAMPFLOK – Der aus sowjetischen Langstreckenwagen gebildete, 500 Tonnen schwere Zug mit der Nummer 1195 (Magdeburg – Moskau) wird von 41 1185 am 19. Oktober 1991 durch Kirchmöser »gedroschen«

Nachfolgende Doppelseite:
BEGEGNUNG – Am frühen Morgen des 29. September 1994 wartet ein von 44 1093 geführter Lokzug auf seinem Weg nach Koblenz im Bahnhof von Guntershausen. Es kommt 140 473 mit dem Nahverkehrszug 8509 entgegen

DB
140 473-0

H

Die letzten Mohikaner

Bilder eines langen Abschieds

Ganz ehrlich – wer hätte gedacht, dass sich die Dampflokomotive bis ins späte 20. Jahrhundert hinein hartnäckig behaupten würde? In der damaligen Bundesrepublik dampfte es bis 1977 auf Staatsbahngleisen, in der DDR sogar noch elf Jahre länger. Dabei war die Dampflok schon damals ein technikgeschichtliches Fossil par excellence. Immerhin hatte sich nach Stephensons Rocket am grundsätzlichen Aufbau der rollenden Dampfmaschine nichts elementares mehr geändert – und die stammt aus dem Jahr 1829. Fairerweise muss allerdings gesagt werden, dass die betriebliche Notwendigkeit der Dampflok in den letzten Jahren ihres planmäßigen Einsatzes gegen Null ging. Und einen betriebswirtschaftlichen Nutzen brachten die letzten Mohikaner den Bahnen schon gar nicht – im Gegenteil: Der enorme Aufwand für den Unterhalt und Betrieb der Maschinen und der für sie notwendigen Anlagen kostete unverhältnismäßig viel Geld. Das begann schon damit, dass auf der Dampflok stets zwei Mann Personal fahren mussten, während sich die modernen Traktionen in aller Regel mit einem Lokführer begnügten. Das setzte sich fort mit den Anlagen zur Unterhaltung und Restaurierung: Da mussten Drehscheiben vorgehalten werden, damit die großen Schlepptendermaschinen stets Kessel voraus fahren konnten. Wasserkräne an zahllosen Bahnhöfen, Bekohlungsanlagen, Schlackegruben und all die anderen nötigen Utensilien mussten unterhalten und gepflegt werden. Nicht zu vergessen die vielzitierten Brandschutzstreifen, die entlang der von Dampfloks befahrenen Strecken dafür sorgen sollten, dass die vorbeifahrenden Maschinen keine Böschungsbrände verursachten.

Ein weiterer Punkt war insbesondere bei der Bundesbahn das Image. Denn die finanziell schwer unter Druck stehende DB setzte schon früh auf Modernität. Heute bereits legendäre Fahrzeuge wie der VT 11.5, die V 200 oder die E 03 zeigten überdeutlich den Weg, den die DB einschlagen wollte. Dementsprechend lautete auch der Wahlspruch jener Jahre: Unsere Loks gewöhnen sich das Rauchen ab. Zu einer Staatsbahn, die das ehrgeizige Ziel hatte, Fernzüge mit Tempo 200 über die Gleise zu schicken, passte aber die Eisenbahn aus Großvaters Zeit nicht mehr. So verschwanden die mit ihrem Aussterben immer beliebter werdenden Fossile aus immer mehr Regionen der Republik.

Etwas anders verlief die Entwicklung in der DDR. Zwar hatte auch die Reichsbahn den festen Vorsatz, die Dampflokomotive spätestens in den 70er-Jahren aufs Abstellgleis zu schieben, denn natürlich war auch sie an einem möglichst wirtschaftlichen Betrieb interessiert – doch auf Grund

NEBENDIENSTE
Auch mit kurzen Zügen mussten sich die Dampfloks in den letzten Betriebsjahren zufrieden geben. 50 3672 am 7. September 1985 bei St. Egidien

der politischen Gegebenheiten unterlag die DR völlig anderen Zwängen als die DB. So war die DR beispielsweise nicht frei in ihrer Fahrzeugbeschaffung, sondern musste sich an Ostblock-interne Absprachen halten. Anders als in der Bundesrepublik konnte die Reichsbahn auch längst nicht alle Elektrifizierungswünsche erfüllen, sondern setzte im Strukturwandel auf dieselelektrische Maschinen aus der UdSSR, mit denen sie zunächst ihre liebe Not hatte. Schließlich, und auch das unterschied die DR von der DB, war die Staatsbahn der DDR das unbestrittene Verkehrsmittel Nummer 1 – mit der Folge, dass vor allem in Stoßzeiten alles rollen musste, was Räder hatte. Dennoch: Langsamer zwar und nicht in der gleichen Konzentration wie im Westen, aber unaufhaltsam sank auch in der DDR der Stern der Schwarzen.

Es war ein langer Abschied, und er hatte zahlreiche Begleiter. Denn wenn auch beispielsweise die DB keineswegs stolz auf ihre noch vorhandenen Dampfrösser war, so nutzte sie doch immerhin die Ausmusterung, um mit den immer zahlreicher werdenden Verehrern zu feiern. Zahlreiche Abschiedsfeste und andere Veranstaltungen in vielen Teilen der Republik brachten Tausende von Eisenbahnfreunden zusammen. Bis heute Legende ist beispielsweise der Dampfabschied in Stolberg, aber auch das Ende der Dampfzeit in Ulm war Anlass für ein großes Fest. Bis in die Hauptnachrichten der Tagesschau schaffte es gar die Abschiedsfahrt der letzten preußischen Länderbahnlokomotiven der DB. Mit der 78 246 und der 38 1772 dampften am 29. Dezember 1974 hunderte von Eisenbahnfreunden noch einmal über die Schwäbische Alb. Die P 8 sorgte schließlich noch einige Male für Aufsehen, denn ihre Überführung zu ihrem neuen Besitzer in Hamburg erfolgte mit eigener Kraft.

Daneben pilgerten die Eisenbahnfreunde Anfang der 70er-Jahre in Scharen zu den letzten Einsatzorten, die so zu bis heute unvergessenen Kultorten wurden. Schiefe Ebene, Thüringer Wald, Saalfeld, Crailsheim und natürlich das Emsland – noch immer kennt jeder Eisenbahnfreund diese Namen. Schlettau-Crottendorf, Annaberg-Schwarzenberg und viele andere Ortschaften und Strecken wurden so berühmt.

Die 50 3559 zog letztmals bei der DR einen planmäßigen Zug von Thale nach Halberstadt. Von da an gab es Plandampf nur noch auf schmaler Spur – fast: Denn ganz ging den letzten Reichsbahn-Dampfern das Feuer nicht aus. Immer wieder gelangten Traditionsloks als Schulfahrt vor Planzüge, spannte das Raw Meiningen seine untersuchten Maschinen einem Planzug vor oder musste eine vorgehaltene Heizlok plötzlich einspringen. Aber das ist ein anderes Kapitel ...

ABSCHIED
Wer hat sich als Kind nicht gerne in den Dampf gestellt? Im September 1985 war dies im sächsischen Lichtenstein noch täglich möglich

Nachfolgende Doppelseite:
LÄNGST BEIM ALTEN EISEN
Da war die Dampf-Welt noch in Ordnung: Längst hat in Döbeln die Dämmerung Einzug gehalten, 50 3540 wartet im März 1985 auf die Weiterfahrt, am Haken hat sie einige Bghw-Wagen, die längst schon den Weg zum alten Eisen gegangen sind ebenso wie die gute alte Deutsche Reichsbahn

ZU ZWEIT AUF DER HZL
Baureihe 64 und 24 schlängeln sich über die Strecke der Hohenzollerischen Landesbahn, kurz Hzl

ZUFLUCHTSORT
Die Westfälische Landeseisenbahn (WLE) war zur Zeit des Dampflokverbotes auf Gleisen der Deutschen Bundesbahn ein gern genutzter Zufluchtsort für Sonderfahrten. Im September 1982 hält 24 009 im Bahnhof Wadersloh

STOLZER ZUG AUF DER NEBENSTRECKE
Auf der HzL ist 38 1772 mit dem »Rheingold« unterwegs

24 009

RHEINGOLD

Totgesagte leben länger
Volldampf trotz Dampflokverbots

BEGINN UND RENAISSANCE DER DAMPFLOK-ÄRA
Der »Adler« markierte im Jahre 1835 nicht nur den Beginn der deutschen Eisenbahn, sondern 1985 auch die Renaissance des Dampf-Verkehrs in West-Deutschland. Zeitgleich mit der Vorstellung des »Adler«-Nachbaus lockerte die Deutsche Bundesbahn auch das restriktive Dampfverbot – und zu den Jubiläumsfeierlichkeiten »150 Jahre Deutsche Eisenbahn« durften nach fast einem Jahrzehnt Dampf-Abstinenz wieder Dampf-Züge verkehren. Die Aufnahme zeigt den Adler im Bw Nürnberg 1 im September des Jubiläumsjahres 1985

Mit dem Ende der Dampftraktion läutete die Deutsche Bundesbahn 1976/77 eine Ära ein, die bei den Fans noch heute Zähneknirschen und Bauchgrimmen auslöst: das Dampflokverbot. Offiziell verkündete die DB seinerzeit nicht nur, dass sich ihre eigenen Lokomotiven das Rauchen abgewöhnt hätten (was zwar traurig, aber für ein Verkehrsunternehmen unvermeidlich war). Vielmehr offenbarte die Staatsbahn bei der Gelegenheit, dass in der Zukunft auch in Privatbesitz befindliche Dampflokomotiven nicht mehr fahren dürften. Begründet wurde dies damals mit einer Reihe von Argumenten, die bei ihrer Nennung schon entkräftet waren. So hieß es beispielsweise, dass die DB nach Aufgabe der Dampftraktion die entsprechenden Versorgungseinrichtungen nicht mehr vorhalten könne. Dafür hatte sicher jeder Verständnis, denn wozu soll sich ein Verkehrsunternehmen Drehscheiben, Wasserkräne und Bekohlungsanlagen leisten, wenn sie nicht mehr benötigt werden? Doch für den musealen Gelegenheitseinsatz waren (und sind noch heute) derartige Anlagen zwar praktisch, aber nicht zwingend nötig. So hatten die Veranstalter von Dampfzugfahrten schon damals immer wieder Ideenreichtum bewiesen, wenn es darum ging, ihre Maschinen auch dort zu versorgen, wo es keine passenden Anlagen mehr gab. Als beispielsweise die Ulmer Eisenbahnfreunde im Frühjahr 1976 ihre 86 346 auf große Rundfahrt von Ulm durchs Allgäu schickte, hing direkt hinter der Lok ein Kesselwagen mit Wasser zur Versorgung unterwegs. Die Feuerwehren und Kohlenhändler waren, rechtzeitig informiert, stets zur Stelle, wenn irgendwo keine Bekohlungsanlage oder Wasserstelle war. Und Drehscheiben, die es damals natürlich noch vielerorts gab, waren zwingend eigentlich nur für die wenigen großen Schlepptendermaschinen nötig, die Tenderloks brauchten sie nicht.

Ein weiteres Argument gegen den weiteren Dampflokeinsatz auf Bundesbahngleisen waren die nun nicht mehr in Stand gehaltenen Brandschutzstreifen entlang der Strecken. Zweifellos war dies ein nicht zu unterschätzender Grund, weswegen beispielsweise die schon erwähnten Ulmer Eisenbahnfreunde auf Anraten der DB ihre kohlegefeuerte 01 173 zu Gunsten der ölgefeuerten 01 1066 »eintauschten« – denn die ölgefeuerten Maschinen benötigten keine Brandschutzstreifen, weil keine glühenden Funken aus der Lok fielen. Dennoch: Auch diesem Problem begegnete man schon damals pragmatisch, indem man einem Dampfzug im Blockabstand ein Löschfahrzeug hinterherschickte.

Es drängte sich vielmehr der Eindruck auf, dass die Bundesbahn aus ideologischen Gründen keine Dampfloks mehr auf ihren Gleisen sehen wollte. Zu einem modernen Unternehmen, so schien es, passten die Relikte früherer Zeiten einfach nicht, mithin sollten sie auch nicht präsent sein. Und so sorgte die DB mit deutscher Gründlichkeit dafür, dass dies auch umgesetzt wurde. Ganz anders etwa als die Reichsbahn in der DDR, wo die Erhaltung des technischen Erbes sozusagen von ganz oben angeordnet wurde, fand in der Bundesrepublik ab 1977 eine Traditionspflege nicht mehr statt.

Es blieb privaten Initiativen vorbehalten, dafür zu sorgen, dass die Dampflokomotive nicht ganz in Vergessenheit geriet. Und wie das so ist: Gerade in vermeintlich schwierigen Zeiten zeigt sich wahre Größe. So entwickelte sich, trotz oder vielleicht auch wegen des Dampflokverbotes, in kurzer Zeit ein munterer Museumsbetrieb abseits der großen Bundesbahnlinien. Denn natürlich galt das Dampflokverbot nur für jene Linien, über die die Bundesbahn selbst bestimmen konnte. Weiterhin möglich waren hingegen Fahrten auf den gar nicht so wenigen privaten Bahnstrecken in der gesamten Bundesrepublik. Und die Eisenbahnfreunde nutzten diese Möglichkeiten weidlich aus. In der ganzen Republik dampfte es fortan in Gegenden, die teilweise schon Jahrzehnte keinen Personenzug, geschweige denn einen dampfbespannten mehr gesehen hatten. Und nicht selten wurde der vermeintliche Nachteil, nicht mehr auf Staatsbahngleisen fahren zu können, sogar zu einem Vorteil. Denn Strecken wie die Hohenzollerische Landesbahn, die Osthannoverschen Eisenbahnen oder auch die Westfälische Landeseisenbahn hatten in der Regel keinen Wochenendverkehr. Somit war der Dampfzug dann meist der einzige Zug auf der Strecke und konnte von Fahrplanzwängen befreit ganz den Wünschen der Fans nach Fotohalten und Scheinanfahrten entsprechen. Überdies bestachen die privaten Strecken häufig durch malerische Landschaften und ungetrübte Eisenbahnatmosphäre. Statt »Feuer Aus«, wie es die DB gerne gesehen hätte, hieß es also weiterhin »Volldampf voraus« – allerdings auf Privatbahnen.

Was die Museumsbahner in jener Zeit auf die Beine stellten, ist noch heute in der Rückschau beachtlich. Erinnert sei nur an die diversen Dampflokfeste in Gammertingen, an zahlreiche herrliche Fahrten mit Maschinen wie der 44 1558 oder den beiden Steppenpferden 24 009 und 083 auf der WLE oder die seinerzeit sensationellen Touren mit der 01 150 auf der OHE. Sicher, in der Regel gaben die Vereine den kleineren Tenderloks den Vorzug, aber trotz allem wurden immer wieder auch große Maschinen unter Dampf gesetzt oder mit großem Aufwand wieder in Betrieb genommen, wie beispielsweise die letzte DB-P 8 38 1772, die jahrelang auf der Teutoburger Wald-Eisenbahn ihr Auskommen fand, oder die spektakuläre Renaissance der 01 1066 im Albtal.

Das Dampflokverbot wurde 1985 von der DB selbst zunächst für ihre eigenen Maschinen aufgeweicht und in den folgenden Jahren Schritt für Schritt ganz aufgehoben. Heute erleben wir den skurrilen Zustand, dass sich die DB AG für ihre eigenen Traditionsfahrten vorzugsweise jener Maschinen bedient, die seinerzeit dem Dampflokverbot zum Trotz mit unendlicher Mühe erhalten wurden. Ohne die Vereine wäre ein DB-AG-Museumsbetrieb heute gar nicht möglich: So ändern sich die Zeiten …

MUTIG, MUTIG
Mit einer im Schotter eingebauten Kamera wurde dieses Bild von 23 105 im Pegnitztal per Fernauslöser aufgenommen

IM FRANKENLAND
Der Sonderzug D 18619 (Nürnberg – Amberg) wurde am 26. Mai 1985 von 23 105 aus dem Bahnhof von Etzelwang gezogen

Nachfolgende Doppelseite:
BESUCH IM WESTEN
Zum Jubiläum »150 Jahre Deutsche Eisenbahn« kam im Jahr 1985 die 18 201 von der DR nach Nürnberg. Damals eine echte Sensation. Auf den Gleisen der DB durfte sie allerdings nur mit Vorspann fahren

PINTSCH-BAMAG

218 204-6
215 071-2
02 0201-0

50 245

IM SATTEN GRÜN – G3 3143 wurde für das Verkehrsmuseum in Nürnberg von den Experten im Aw Trier hergerichtet. Im Bild legt sie mit einem stilgerechten Zug eine Pause im Eifelstädtchen Kyllburg ein

Linke Seite:
UND AB DURCH DEN TUNNEL – Eine Sonderzugleistung hat die 50 245 am 1. Mai 1993 hinter sich, vor sich hat sie die Gleise der Hzl

Oben:
ZWEI STARS UNTER SICH – Zur Überführung von 18 201, der schnellsten betriebsfähigen Dampflok der Welt, zum Jubiläum »150 Jahre Deutsche Eisenbahn« leistete 01 1100, hier bei Hohenstadt am 21. August 1985, kräftige Vorspanndienste

01 119
75
0
23105
4
5

PARADE
Im Bahnhof Schnabelwaid warten am Nachmittag des 1. September 1985 vier Dampfloksonderzüge auf den Ausfahrbefehl: 50 622, 01 1066, 01 118 und 23 105

VOLLDAMPF NACH BAYREUTH
Mit wuchtigen Auspuffschlägen beschleunigt 23 105 ihren Sonderzug von Nürnberg nach Bayreuth aus dem Bahnhof von Neuhaus an der Pegnitz

STAR UNTER DEN DAMPFERN
Die 01 1100 war lange Zeit der Star unter den Dampfern. Hier ist die Lok am 25. Mai 1985 zwischen Rothenfels und dem Hufstätte-Tunnel im Pegnitztal unterwegs

Renaissance der Dampflok

Plandampf

BEBRAER BAHNHERRLICHKEIT
Es gab nicht viele Bahnhöfe, die spannender waren als Bebra: Vom Bahnsteig aus konnte man direkt ins Bw mit den Rundschuppen sehen. So bot sich mancher zeitraubende Zugaufenthalt zum Umspannen, Richtungswechsel oder Taktabwarten an, um mal zu sehen, was sich in den Lokschuppen so an Kuriositäten tummelt; im Bild 01 1531, die auf ihre Weiterfahrt wartet. Heute ist von der Bebraer Bahnherrlichkeit nicht viel geblieben – die Fernzüge machen zumeist einen ganz großen Bogen um den einstigen Bahnknoten

Der Grundgedanke war eigentlich ganz einfach: Da besaß die Deutsche Reichsbahn eine Fülle gut gepflegter betriebsfähiger Dampfloks, teils als heimliche Traditionslok, teils als Heizlok getarnt, andere wiederum offiziell im Nostalgiestand. Darüber hinaus war im Reichsbahnland über weite Strecken die nötige Infrastruktur noch vorhanden, um Dampfloks einsetzen zu können. Die Fahrzeiten der Züge waren ob des dichten Verkehrs und des Netzzustandes durchaus kommod. Und schließlich besaßen die Reichsbahner noch genügend Knowhow. Was lag also näher, als zumindest gelegentlich statt der regulär eingesetzten Dieselloks ausgesuchte Dampflokomotiven einzusetzen? Die solcherart bespannten Züge sollten selbstverständlich öffentliche Züge bleiben, es galt der Reichsbahn-Tarif, den Mehraufwand finanzierte der jeweilige Veranstalter durch den Solidarbeitrag der teilnehmenden Fotografen.

Was kaum einer wirklich geglaubt hatte, wurde Wirklichkeit. Die Reichsbahn erwies sich als ein kooperativer Partner, der »Plandampf« war geboren. Verschiedene Veranstalter übertrafen einander schließlich in den Jahren nach 1990 mit Dampfspektakeln, frei nach dem Motto: »gute alte Reichsbahnzeit«. Die Plandampfveranstaltungen, einmal etabliert, lockten Eisenbahnfreunde aus halb Europa in die neuen Länder, denn nur dort war der Plandampf ursprünglich zu Hause. Einmalige Fahrten waren dabei, so das nochmalige Zusammentreffen zweier T 20 auf ihrer einstigen Stammstrecke Probstzella – Sonneberg oder der legendäre Plandampf »Viva Magistrale«, der Schnellzugdampf vom Feinsten zwischen Berlin und Magdeburg bot. Aber auch viele kleinere Veranstaltungen fanden ihre Verehrer. Zeitweise verging kaum ein Monat der schönen Jahreszeit, in dem nicht irgendwo für ein paar Tage die Dampflokzeit zurückkehrte.

Eine Vielzahl verschiedenster Lokomotiven gelangte dabei zum Einsatz und in den ersten Plandampfjahren auch durchaus stilecht mit weitgehend passenden Wagengarnituren.

Mit der Privatisierung der beiden Staatsbahnen wurde das Plandampfen schwieriger. Zahlreiche verschiedene Ansprechpartner, wo vorher einer ausreichte, steigende Preise für Überführungen, Trassenpreise und natürlich immer weniger betriebsfähige Maschinen schienen Mitte der 90er-Jahre das Ende der so hoffnungsvoll begonnenen Ära einzuläuten. Dabei war der Plandampf beileibe nicht nur ein Traum der ewig Gestrigen. Die dampfbespannten Züge brachten der Bahn bares Geld in die Kasse und trugen somit zu einem besseren Betriebsergebnis bei. So mag es vielleicht erklärbar sein, dass die Bahn selbst zeitweise ihr Nostalgiefahrtenprogramm geradezu fahrplanmäßig betrieb. An jedem Sommerwochenende im Jahr 1997 dampften Züge nach Fahrplan in die schönsten Regionen Deutschlands. Zunächst zu Sonderfahrpreisen zwar, aber zumindest teilweise später auch mangels Zuspruchs zu normalen Tarifen.

Der eigentliche Plandampf freilich schien seine große Zeit hinter sich zu haben. Doch tot zu kriegen war er nicht. Immer wieder blühte er an verschiedenen Stellen auf. Schließlich, es war wohl nur eine Frage der Zeit, schwappte die Welle auch in den Westen der Republik. Die Eifel entwickelte sich zum Plandampf-Dorado, aber auch der »Goldene Oktober« im Ruhrgebiet, obgleich verregnet, genießt nach wie vor einen guten Ruf. Den bisherigen Höhepunkt erlebte der Plandampf im Westen wohl mit dem Mega-Event in Rheinland-Pfalz im Herbst 2000, als auf Bestellung des Landes vier Tage lang Dampfzüge durch den Pfälzer Wald fuhren – und keiner mehr als eine Fahrkarte dafür bezahlen musste. Allerdings: Vom ursprünglichen Ansinnen, passende Dampfloks vor authentischen Wagen auf ehemaligen Stammstrecken einzusetzen, hatte man sich da schon verabschieden müssen …

GÜTERZUGSTAR
Bei vielen Plandampfveranstaltungen der 90er Jahre war die Dreizylinder-Dampflok 44 1093 beliebter Gast. Hier wartet sie im Bahnhof Grimmenthal im April 1999

Nächste Doppelseite:
GEFROREN HAT ES …
Bei Eis und Schnee passiert die 44 1093 mit einem Fotogüterzug das Freibad in Stadtilm

AB DURCHS DICKICHT
Den Bahnhof Hundisburg durchfährt die 50 3606 am 19. Mai 1991 mit einem Sonderzug

LUPENREINER REICHSBAHN-EILZUG
Eine typische Reichsbahn-Eilzug-Garnitur beschleunigt die 41 1231 am 24. Mai 1992 bei der Ausfahrt aus Belleben

JETZT ABER SCHNELL
Die 41 1231 donnert mit ihrem Personenzug aus dem Bahnhof Genthin am 21. Oktober 1991

Noch einmal Plandampf auf Berlins Hauptstrecken. Unter dem klangvollen Namen »Metropol« organisierte Robin Garn im April 1994 noch einmal ein besonderes Eisenbahn-Spektakel. 41 1185 rauscht mit ihrer Doppelstockeinheit bei Güsen in Richtung Magdeburg

MORGENSTUND MIT DAMPF
Die 41 1185 wartet zum Auftakt des Plandampfes »Viva Magistrale« am Morgen des 19. Oktober 1991 mit dem Personenzug 7410 auf die Abfahrt im Bahnhof Brandenburg

01 2137 im Berliner Ostbahnhof. Im April 1994 hat die Dampf-Pazifik eine besondere Fuhre am Haken. Sie wird einen russischen Militärzug gen Osten bringen

MIT VOLLDAMPF ÜBER DEN KANAL
Im Dezember 1994 donnert die 41 241 mit einem langen Sonderzug über den Rhein-Herne-Kanal in Gelsenkirchen-Schalke

HAUPTDARSTELLER
Bei einem Winterplandampf in Thüringen begeben sich die Stars der Schiene am 22. Februar 1994 in Meiningen zur Nachtruhe

IM NEUEN LACK
Alt trifft Alt im neuen Lack. Als 042 360 in Essen Hbf den Triebwagen der Baureihe 624 links liegen lässt, hat dieser auch schon gut drei Jahrzehnte auf dem Buckel. Er ist zwar nicht mehr im gut zur Dampflok harmonierenden Ursprungs-Rot lackiert, sondern im damals noch neuen (aber auch schon wieder überholten) Corporate Design der DB unterwegs

JAGD NACH ERFURT
62 1015 donnert östlich von Eisenach mit ihrem Personenzug in Richtung Erfurt

DAMPF AM MORGEN
Im ersten Morgenlicht legt sich die 44 1093 mit einem Foto-Güterzug am 13. Februar 1993 in die Kurve vor Marlishausen

Nachfolgende Doppelseite:
VOLLER ZUG, VOLLES PROGRAMM
Einen vollbesetzten Zug hat die 01 118 am 19. September 1993 bei Pünderich an der Mosel am Haken

44 1093

01 118

411185-2

MIT DEM KAKADU AUFS LAND
Einen Sonderzug samt »Kakadu«-Speisewagen führt die 01 118 am 29. April 1995 nach Nördlingen bei Schrozberg

STAR IM RAPSFELD
Einen langen D-Zug zieht der Dampflok-Star 03 1010 im Mai 1993 durch ein Rapsfeld gen Erfurt bei Fröttstädt

HERBSTLICHE SONNE
Am 20. Oktober 1991 begleitete schönste Herbstsonne die 41 1185 mit ihrem Bghw-Wagen-Zug beim Block Parey

IN DIE NACHT
Am Abend des 20. Oktober 1991 wartet 41 1185 mit ihrem Personenzug 3457 im Bahnhof Burg auf Weiterfahrt in Richtung Berlin

ANGESTRAHLT
01 1531 steht am Morgen des 21. Oktober 1991 abfahrbereit in Genthin

FROST
58 311 arbeitet sich im Februar 1993 mit einem Güterzug die Steigung nach Singen hinauf

91 134

Bild oben:
WETTFAHRT
Am Ostersonntag 1994 liefern sich der historische Berliner S-Bahnwagen und 03 2204 eine Wettfahrt im Bahnhof Bellevue

Bild links:
NEBENBAHN
Im romantischen Bahnhof Dähre dampft 91 134 vor sich hin

Bild rechts:
RUHEFEUER
03 2204 wartet im Bahnbetriebswerk Berlin-Lichtenberg auf ihren nächsten Plandampfeinsatz im April 1994

NACH BERLIN
Mit Höchstgeschwindigkeit rast 01 1531 mit ihrem Schnellzug an der Blockstelle Kemnitz von Magdeburg nach Berlin vorbei

DREI HELLE
01 1531 wartet mit E 4405 am 29. Januar 1994 auf den Abfahrtsbefehl in Erfurt Hauptbahnhof

Bild rechte Seite oben:
ABENDHIMMEL
65 1049 bringt einen Güterzug bestehend aus Rungenwagen über den Steinbogenviadukt bei Unterlemnitz

Bild rechte Seite unten:
52ER-INFERNO
52 8075 donnert im ersten Morgenlicht bei Bad Köstritz durch den Nebel

41 1185 und 50 3695 begegnen sich in Thale

94 1292 dampft über die Stahlgitterbrücke von Angelroda nach Ilmenau

50 3688 als Schublok an einem Güterzug nach Großbreitenbach

NACHTS AUF GROSSER REISE
Gleich ist Abfahrt: Mit dem D 242 begibt sich 01 1531 in Berlin Ostbahnhof gleich auf die Reise nach Magdeburg, der Nachtzug hat Ostende und Paris Nord zum Ziel. Der Plandampf »Metropol« ermöglichte die für Dampflokfreunde traumhafte Bespannung eines solchen Zuges

MIT LAST AM RHEIN
Ein schwerer Güterzug beschäftigt 41 241 auf der rechten Rheinstrecke. Der von holländischen Eisenbahnfreunden gecharterte Zug wartet im Bahnhof Kaub

»VIVA MAGISTRALE« VON HINTEN
41 1231 ist mit ihrem vierteiligen Doppelstock-Gliederzug bei Kade an der Hauptstrecke Magdeburg – Berlin unterwegs, die Sonderfahrt am 21. Oktober 1991 gehörte zum Plandampf »Viva Magistrale«

Abseits der Magistralen

Mit Dampf aufs Land

Sicher, das Schönste für die meisten Dampflokfreunde ist der standesgemäße Einsatz einer »Großrädrigen«, einer Schnellzugmaschine auf einer möglichst zweigleisigen, möglichst nicht durch den Fahrdraht »verschandelten« Hauptbahn. Und auch für Vereine sind solche Fahrten nicht selten lukrativ, bieten sie doch die Möglichkeit, Einzugsgebiete mit zahlreichen potenziellen Fahrgästen zu erschließen. Allerdings standen und stehen derartigen Einsätzen auch eine Fülle von Argumenten entgegen. Da ist zunächst einmal die Zugmaschine selbst: Eine große Schnellzugmaschine ist im Unterhalt extrem teuer, ihre Größe und die Achsfahrmasse schränken ihre Einsatzmöglichkeit ebenso ein wie die Tatsache, dass die allermeisten nur in eine Richtung ihre zulässige Geschwindigkeit ausfahren können, mithin am Zielpunkt gedreht werden müssen. Das aber ist in der heutigen Zeit mangels Drehscheiben längst nicht mehr überall möglich. Hinzu kommt, dass die Hauptbahnen ja mit regulärem Verkehr belegt sind, so dass Sonderzüge in das oft enge Fahrplankorsett gezwängt werden müssen. Raum für die so geliebten Fotohalte bleibt da nicht oft.

So ist es kein Wunder, dass viele Vereine und Verbände in der Vergangenheit andere Wege gingen – und das durchaus nicht zum Nachteil der Dampfenthusiasten. Spätestens mit dem schon erwähnten Dampfverbot der DB waren die Veranstalter von Dampfloksonderfahrten ohnehin auf private Eisenbahnen angewiesen und unter den Privatbahnen Deutschlands gibt es kaum Hauptbahnen. »Mit Dampf aufs Land« hieß also die Devise, und die Dampfgemeinde zog willig mit. Im Lauf der Jahre entwickelte sich so eine ganz eigene Dampflok-Geographie, die von Ortsnamen geprägt wurde, die ansonsten wohl kaum je einer größeren Öffentlichkeit bekannt geworden wären. So aber wurden Namen wie Belecke, Schwegermoor, Haidkapelle oder Losheim am See zu Begriffen, die zahlreichen Eisenbahnfreunden problemlos von der Zunge gingen. Manche Vereine machten gar aus der Not eine Tugend und übernahmen gleich eine ganze Strecke in landschaftlich reizvollen Ecken unseres Landes. Ein Paradebeispiel dafür ist die Dampfbahn Fränkische Schweiz, deren rund 16 Kilometer lange Strecke von Ebermannstadt nach Behringersmühle heute sicher ein Kleinod in der Museumsbahnszene ist. Auch an der Ostseeküste (Schönberg – Schönberger Strand), im Nördlinger Ries (Nördlingen – Dinkelsbühl) oder im Saarland (Merzig – Losheim) und an vielen anderen Orten schlugen die Museumsbahner diesen Weg ein. Zuweilen erkannten sogar Kommunen den Wert einer Touristenbahn und wurden durch die Übernahme einer Bahnlinie

WICHTIGE LEBENSADER
Selbst zweieinhalb Jahre nach der Wende war die Eisenbahn noch unverzichtbare Lebensader für das Glasbläserstädtchen Lauscha. Im Mai 1992 ersetzte 95 027 die sonst auf der Strecke üblichen »U-Boote« der Baureihe 219

unversehens zum Verkehrsunternehmen, so beispielsweise die weit bekannte Sauschwänzlebahn im südlichen Schwarzwald, die seit Jahren der Stadt Blumberg gehört.

Unabhängig davon, ob auf einer privaten Eisenbahn, einer eigenen Strecke oder aber, wie seit der Bahnreform wieder möglich, auf DB-Gleisen – das Dampfzugerlebnis auf den Nebenbahnen hat seine eigenen Reize und ist für die Fahrgäste oft attraktiver als die große Schnellzugfahrt. Das Eisenbahnerlebnis vergangener Tage, das die Dampffahrten ja sein wollen, ist auf den Strecken abseits der Magistralen noch heute viel hautnaher zu erleben. Hier gibt es noch Schienenstöße und Telegrafenleitungen, hier wird an den Wegübergängen noch gepfiffen, hier fährt der Zug noch in beschaulichem Tempo. Lärmschutzwände wie an den Hauptstrecken sucht man hier ebenso vergebens wie sterile Betonbahnsteige, von der störenden Oberleitung ganz zu schweigen. Auch betriebstechnisch ist der Nebenbahndampf häufig einfacher. Da trotz integralen Taktfahrplans noch heute viele Nebenlinien wenig bis keinen Wochenendverkehr haben, kann sich die Nostalgiefuhre Zeit lassen. Halte zum Fotografieren sind hier viel einfacher als auf der Hauptbahn. Die meist überschaubaren Distanzen halten die Kosten in Grenzen und damit auch die Fahrpreise. Und schließlich können auf derartigen Distanzen mehrere Fahrten pro Tag angeboten werden, dadurch erweitert sich die Zielgruppe natürlich beträchtlich.

Es soll allerdings nicht verschwiegen werden, dass solche Fahrten auch zu mancherlei Kompromissen zwingen, die einen Puristen womöglich abschrecken könnten. Da ist der unumgängliche Restaurationswagen, den fast jeder Museumszug mit sich führt – für den Veranstalter nahezu lebensnotwendig (weil in ihm ein großer Teil des Unterhalts der Fahrzeuge erwirtschaftet wird), ist er für derartige Strecken natürlich absolut untypisch. Auch besitzt längst nicht jeder Verein passende Fahrzeuge für solche Fahrten. Die allgegenwärtige Reko-52 mit österreichischen Spantenwagen und einem alten DB-Packwagen ist nicht selten und mag dem echten Eisenbahnfan die Tränen in die Augen treiben – für den Verein hingegen ist ein solcher Zug allemal attraktiv, denn eine Reko-52 ist sicherlich einfacher und kostengünstiger zu unterhalten als die eigentlich passende alte bayerische, preußische oder württembergische Länderbahnmaschine nebst passenden Wagen, ganz davon abgesehen, dass authentische Fahrzeuge ja auch nicht einfach am Wegrand herumliegen. Für den zahlenden Fahrgast ist die Sache ohnehin oft viel einfacher. Wer im Zug sitzt, möchte am liebsten einen Fensterplatz, ob der Wagen außen rot, blau oder grün ist, ist nebensächlich, man sieht's ja nicht. Und die Lok an der Spitze macht sich im Zug auch nur durch Geräusche und Rauchfetzen am Fenster bemerkbar – die richtige Beschriftung, Lackierung oder Rauchkammertür hat keinen Einfluss auf den Fahrgenuss.

Unabhängig davon, ob nun stilechte Garnitur oder »Zirkuszug« – das Reisen mit dem Dampfzug hinaus aufs Land ist für den Fahrgast bis heute gleichzusetzen mit der »Wiederentdeckung der Langsamkeit« – wo sonst ist es noch möglich, das Zugfahren so hautnah zu erleben? Wo sonst wird die Geschwindigkeit so nebensächlich wie bei einer beschaulichen Dampfzugfahrt mit 30 km/h durch duftende Wiesen, dunkle Wälder oder romantische Täler? Viele Eisenbahnfreunde wurden einst durch Bücher wie das legendäre »Liebe alte Bimmelbahn« von Karl-Ernst Maedel mit dem Dampfbazillus infiziert – abseits der Magistralen kann man diese längst vergangene Eisenbahnepoche noch heute erleben.

Nachfolgende Doppelseite:
WINTERLICHE BERGFAHRT
Am 24. Februar 1994 konnte man noch durchgehend von Probstzella nach Sonneberg in Thüringen reisen. Am Haltepunkt Lippelsdorf fährt 95 1027 am Berg an

95 1016-5
H

NACHTRUHE – Im Bahnbetriebswerk von Sonneberg warten am Abend des 25. Februar 1994 die Tenderloks auf ihren nächsten Einsatz

GÜTER IM SCHNEE
Da konnte die 95 1016 während einer Plandampfaktion im Februar 1994 nochmal so richtig zeigen, welches Kraftpaket sie ist: Ein Plandampf-Güterzug auf dem Weg von Sonneberg nach Eisfeld

LÄNGST VERGESSEN?
Diese Aufnahme wäre heute nicht mehr möglich: In Rennertshofen, dem Endpunkt der Strecke von Dollnstein, warten im Sommer 1991 zwei Dampfloks des Vereins zur Erhaltung historischer Eisenbahnfahrzeuge auf neue Aufgaben. Inzwischen wurde die damals noch im Güterverkehr betriebene Strecke stillgelegt – die Loks verschlug es in die Niederlande

DOPPEL-DAMPF
Mit doppelter Kraft übers Land: 38 1772 und 24 009 haben im Mai 1988 im Westerwald einen Sonderzug am Haken

Nachfolgende Doppelseite:
NUR NICHT ZU SCHNELL
Die 74 1192 fährt mit einem Sonderzug am 18. Mai 1992 unter der Eisenbahnbrücke bei Witten-Bommern hindurch

74 1192

RÜCKWÄRTS IM WUTACHTAL
Die 86 333 zieht einen Zug auf der Wutachtalbahn im Bahnhof Fützen

RÜCKWÄRTS AUF DER LOKALBAHN
Die Tegernseebahn von Schaftlach nach Tegernsee ist wohl eine der »lokalsten« Nebenbahnen. Das typische Lokalbahnkolorit wird bei der Sonderfahrt mit Dampflok und historischer Wagengarnitur besonders deutlich

RÜCKWÄRTS IM THÜRINGER WALD
58 1047 mit einem Sonderzug am 18. Oktober1997 bei Bechstedt-Tripstein

Nachfolgende Doppelseite:
AUSLESE
Zur Zeit der Weinlese bringt 62 015 am 7. September 1996 einen Sonderzug in das romantische Ahrtal

62 015

Hinter den Kulissen

Unterhaltung und Pflege

ALLES LÄUFT GLATT
Ein Lokführer beim Abschmieren des Triebwerks am Bahnhof Schönberger Strand im August 1987

Lokomotiven sind ein teures Vergnügen – nicht nur in der Anschaffung, sondern auch im Unterhalt. Denn ähnlich wie ein Auto muss auch eine Lokomotive regelmäßig hauptuntersucht werden. Ein Akt, der allerdings mit einer Vorfahrt beim TÜV nicht getan ist. Die Auflage, in regelmäßigen Abständen zur Hauptuntersuchung zu müssen, gilt selbstverständlich für alle Fahrzeuge, die im öffentlichen Verkehr eingesetzt werden und damit auch für private Dampflokomotiven und Wagen. Rund ein Vierteljahrhundert nach Ende der Dampflokzeit auf Staatsbahngleisen ist dies allerdings nicht mehr so einfach. Gab es früher die entsprechenden Voraussetzungen allerorten, ist die für den Unterhalt einer Dampflok nötige Werkstattausrüstung heute schon eine Besonderheit. Bis zum Ende waren die Dienststellen, die Dampfloks einsetzten, in der Lage, die im Alltag anfallenden Wartungsarbeiten selbst durchzuführen. War eine Hauptuntersuchung oder eine große Reparatur notwendig, so standen dafür die Ausbesserungswerke zur Verfügung. Dort verfügte die Bahn nicht nur über das erforderliche Werkzeug, sondern auch über die Mitarbeiter mit dem unumgänglichen Knowhow. Verständlicherweise schafften die Bahnen diese Strukturen mit dem schrittweisen Verschwinden der Dampflok ab – mit der Folge, dass die Gruppen und Vereine, die sich Dampflokomotiven zulegten, immer mehr auf sich alleine gestellt waren. Noch in den 70er-Jahren wurden in Bundesbahnwerkstätten auch private Dampflokomotiven (gegen Bezahlung) untersucht wie zum Beispiel die 24 009 im Ausbesserungswerk Trier. Mit den Jahren nahmen die Eigner der Maschinen die Herrichtung, Pflege und auch die Hauptuntersuchungen mehr und mehr in die eigene Hand – mit vielfältigen Folgen. In weiser Voraussicht gelang es Eisenbahnfreunden damals, bei der Stilllegung von Bahnwerken zahlreiche Maschinen, Werkzeuge und Ersatzteile vor der Verschrottung zu retten – Utensilien, die die Eigeninitiative später erst möglich machten. Wer zum Beispiel heute noch erleben möchte, wie ein Kessel genietet wird, kann im Eisenbahnmuseum Darmstadt-Kranichstein die Nietmaschine bewundern, die dort sogar zuweilen noch benutzt wird. Schwieriger gestaltete sich dann häufig jedoch die Suche nach geeigneten Räumlichkeiten – und führte mitunter dazu, dass die Arbeiten in der Freiluftwerkstätte durchgeführt wurden, so zum Beispiel die Hauptuntersuchung der Dampflok 10 der Eisenbahnfreunde Zollernbahn, die auf einem Abstellgleis im Bahnhof Engstlatt selbst während der kalten Jahreszeit stattfand.

Da die Museumsbahner in aller Regel ehrenamtlich tätig waren und sind, konnten die Arbeiten oft nur am Wochenende vollzogen werden, was die Zeit der Untersuchung oft beträchtlich in die Länge zog. Die Maschine fehlte dann für den Betrieb und konnte auch keine Fahrgelder einfahren – ein Teufelskreis.

Etwas einfacher hatten es da jahrelang die Dampflokfreunde in der DDR. Denn die DR leistete sich (notgedrungen) den Luxus, zwei komplett ausgestattete Dampflokausbesserungswerke zu betreiben. Für die zahlreichen Schmalspurdampflokomotiven war das RAW Görlitz zuständig, normalspurige Maschinen wurden im RAW Meiningen unterhalten. Weil die Dampflok bei der DR länger unentbehrlich war als bei der DB, überlebten die beiden Werke auch die turbulente Wendezeit. Zwar war der Löwenanteil der am Ende in Meiningen untersuchten Maschinen für den Betriebsdienst nicht mehr notwendig, doch fanden die zahlreichen Dampfsympathisanten unter den Reichsbahnern immer wieder Mittel und Wege, gerade ihr Schmuckstückchen nach Meiningen zur betriebsfähigen Aufarbeitung zu schicken. Die betriebsfähige Heizlok oder die stille Reserve stand dann nach Abschluss der HU gut geschützt im Schuppen des Heimat-Bw und musste natürlich hin und wieder bewegt werden, um nicht kaputt zu gehen…

GUT GEÖLT
Die Ölkanne gehört zu den wichtigsten Arbeitsutensilien, um eine Dampflok betriebsfähig zu halten

Die Öffnung der Grenzen machte das RAW Meiningen auch den Museumsbahnen der alten Länder zugänglich, so dass zunehmend mehr Maschinen in Thüringen revitalisiert oder repariert wurden. Gleichzeitig allerdings nahm die Auftragslage für das RAW Görlitz immer mehr ab, so dass dieses Werk schließlich geschlossen wurde.

Neben diesen beiden Werken gab und gibt es freilich bis heute eine Reihe von Alternativen, die immer wieder genutzt werden. So schickte das Landesmuseum für Technik und Arbeit in Mannheim seinen »Badenstolz«, die 18 316, zur Hauptuntersuchung nach Polen (Aw Pila, früher Schneidemühl). Einerseits wohl wegen der Kosten, andererseits jedoch auch aus musealen Gründen, war man dort doch in der Lage, zum Beispiel neue Tenderaufbauten in althergebrachter Niettechnik herzustellen. Allerdings war die 18 316 womöglich doch eine Nummer zu groß – erst nach umfangreichen Nacharbeiten in Meiningen kam die

HARTE ARBEIT
Beim Plandampf »Viva Magistrale« war auf dem Führerstand der 41 1185 harte Arbeit angesagt

Lok ins Laufen. Mittlerweile ebenfalls einen guten Namen hat die aus der Werkstatt der Mansfelder Bergwerksbahn hervorgegangene Malowa, die zwischenzeitlich sogar schon für eine britische Museumsbahn tätig war. Und schließlich werden Museumsmaschinen natürlich nach wie vor auch in Eigenregie aufgearbeitet, nicht zuletzt, um Kosten zu sparen. Prominente Beispiele dafür gibt es reichlich, erinnert sei nur an die spektakuläre Wiederinbetriebnahme der bayerischen S 3/6 18 478 durch das Bayerische Eisenbahnmuseum in Nördlingen. Gerade die in den letzten Jahren entstandenen Eisenbahnmuseen in ehemaligen Betriebswerken bieten dank ihres Umfeldes und der aktiven Werkstattarbeit jedem Besucher noch heute jene echte Dampflokatmosphäre, die jeder Enthusiast so mag. Rußige Schuppen, der Geruch von Öl und Dampf, Untersuchungsgruben, Werkzeuge – ein Fest für alle Sinne eben …

ALLES RAUS
Auch stolz geschmückte Lokomotiven brauchen ganz profane Hilfe von Hand. Die 99 7203 der Ulmer Eisenbahnfreunde während der Eröffnung der Museumsbahn Amstetten – Oppingen am 14. Juli 1990 in Amstetten

VORGEWÄRMT
Anfang der neunziger Jahre sorgte das Dampftreffen in Aalen für Furore: Für die Fernsehsendung »Wetten dass« balancierten die Aktiven des Bayerischen Eisenbahnmuseums Nördlingen Biergläser auf der Treibstange einer 44er. Im Bild der Heizer von 50 3756, der mit der Fackel die Zylinder wärmt

UNTERM REGENBOGEN
Regenbogen und Dampf mit 78 468 im ehemaligen Bw Gelsenkirchen-Bismarck

DAMPF – KRAFT – GESCHWINDIGKEIT
Das grüne Treibrad einer S 3/6

SCHNEE
Harte Witterungseinflüsse machen der Dampflok zu schaffen – das Triebwerk der 94 1292 im Tiefschnee

DAMPF – KRAFT – GESCHWINDIGKEIT
Das rote Triebwerk von 03 001

PER AUGENSCHEIN – Im Mai 1989 wird 52 3548 im Bayerischen Eisenbahnmuseum in Nördlingen einer Augenschein-Inspektion unterzogen

DEUTSCHLANDS NÖRDLICHSTE MUSEUMSBAHN – Gar fremd mutet der Dampf-Gast an: Auf Deutschlands nördlichster Museumsbahn Kappeln – Süderbrarup hat sich die schwedische Lok B 1266 im Jahr 1986 blicken lassen

MEININGER LEIHGABE – Die MaLoWa-Lok 10 war im Mai 1997 zeitweise als Leihlok beim »Öchsle« als 99 4010 eingesetzt

NICHT TOTZUKRIEGEN
Immer noch im Einsatz ist die T3 SWEG 28 im Achertal. Auf der Strecke Achern – Ottenhöfen im Schwarzwald war im Jahr 1992 Dampf angesagt, und das Schnauferl ist auch heute noch unterwegs

SCHMUCK FÜR DIE SCHWESTER
Den Blumenkranz trägt die Lok 6 »Margarete« der GES in Neuffen anlässlich des Jubiläums ihres Eigentümers und der Wiederinbetriebnahme der Schwester-»Lok 11«

NOBEL, NOBEL
Ein echter Lokführer schaut ganz anders aus – doch auch nobel gekleidet kann man ein Dampfross steuern: der Führerstand der 44 093 in ihrer letzten Saison beim Ausflug nach Garmisch-Partenkirchen

WICHTIGE NACHSCHAU – Auf der Museumsstrecke von Monheim nach Fünfstetten war Lok 9 »Ries« des Bayerischen Eisenbahnmuseums Nördlingen im Einsatz

GLANZSTÜCK – Im Abendlicht des 25. Juni 1994 glänzt 01 1531 im Bw Chemnitz-Hilbersdorf. Sie gehört zu den Stars des Museumsparks der DB AG

Dampfrefugien

Auf schmaler Spur durch die Natur

Es gehört sicherlich zu den erstaunlichsten Entwicklungen der an Überraschungen wahrlich nicht armen deutschen Eisenbahngeschichte, dass noch im Jahr 2002 Eisenbahnstrecken in einem modernen Industrie- und Dienstleistungsstaat im täglichen Betrieb ausschließlich mit Dampflokomotiven betrieben werden. Doch was zunächst wie ein Märchen anmutet, ist tatsächlich Realität. Ein gutes halbes Dutzend Schmalspurstrecken an der Ostsee und in Sachsen hält der Dampflok bis heute die Treue – sehr zur Freude der Touristen und Eisenbahnfreunde. Auf schmaler Spur durch die Natur könnte man als Motto dieser kleinen Züge ausgeben, denn es sind durchweg malerische, teilweise auch etwas verträumte Landstriche, durch die die kleinen Bahnen zuckeln, als ob sie schon immer dazugehört hätten. Dass es sie heute noch gibt, ist allerdings weniger ihrer Verträumtheit zu verdanken als einmal mehr den besonderen Umständen, denen die Reichsbahn in der DDR unterworfen war. Die nämlich konnte auf manche der eigentlich ungeliebten Schmalspurstrecken schlicht nicht verzichten – im Gegenteil: Noch 1984 wurde mit Riesenaufwand die nach Ende des Zweiten Weltkrieges als Reparation abgebaute Verbindung zwischen Straßberg und Stiege im Harz wieder aufgebaut. Und zwar nicht aus Tradition, sondern weil darüber die für die Versorgung des Heizkraftwerkes in Silberhütte notwendigen Kohletransporte geführt wurden.

Gerade auf die damals ausschließlich mit Dampf betriebenen Harzer Strecken, zumindest die Harzquerbahn Wernigerode – Nordhausen, konnte die DR nicht verzichten, lief doch hier auch beträchtlicher Güterverkehr und lagen entlang der Strecke etliche Ferienheime. Allerdings hatte der harte Gebirgseinsatz schon lange seinen Tribut gefordert: Die hier eingesetzten schweren Tenderloks zeigten deutliche Verschleißerscheinungen, so dass die Reichsbahn schließlich Ende der 80er-Jahre den Plan fasste, mit umgespurten V 100 den Betrieb zu verdieseln. Aus Sicht der Eisenbahnfreunde blieb es glücklicherweise bei zehn statt der ursprünglich vorgesehenen 30 dieser »Harzkamele«, so dass auch heute noch viel Dampf im Harz zu erleben ist. Reiner Dampfbetrieb allerdings findet hier unter der Regie der Harzer Schmalspurbahnen nicht mehr statt. Moderne Dieseltriebwagen und einige der umgebauten V 100 teilen sich die Aufgaben mit den Dampfloks.

Ähnlich unverzichtbar für den »Massentourismus« sozialistischer Prägung waren die Strecken Bad Doberan – Ostseebad Kühlungsborn (900 mm) oder Cranzahl – Kurort Oberwiesenthal (750 mm). Auch der Rest der Rügenschen Kleinbahn zwischen Putbus und Göhren (750 mm) sah Jahr

DAMFPLOK IN GRÜN
Die Chiemsee-Bahn ist eine Touristenattraktion, die ihresgleichen sucht. An Sommer-Wochenenden fährt das Bähnlein mit Dampf vom Priener DB-Bahnhof nach Prien-Stock

für Jahr Hunderttausende von Fahrgästen. Als Traditionsbahn besaß die Strecke Radebeul Ost – Radeburg (750 mm) eine Art Bestandsgarantie, für den Ausflugsverkehr der Dresdner war die Linie von Freital-Hainsberg nach Kurort Kipsdorf (750 mm) von großer Bedeutung, die gleich drei Naherholungsgebiete bediente. Auf der »Abschussliste« hingegen stand die Bahn ins Zittauer Gebirge (750 mm), deren Abbau bereits beschlossen war. Sie hätte dem Braunkohletagebau weichen sollen – die Wende hielt diese Bahn schließlich am Leben...

Eine Sonderrolle nahm schließlich die Verbindung von Oschatz über Mügeln nach Kemmlitz (750 mm) ein: Hier fuhren schon jahrzehntelang keine Reisezüge mehr, dafür hatte diese Strecke jedoch den umfangreichsten Güterverkehr aller sächsischen Schmalspurstrecken. Bis zu vier Zugpaare verkehrten zu DDR-Zeiten täglich, auch an Wochenenden. Und noch eine Besonderheit waren die Zuglokomotiven: Wegen der engen Radien blieb diese Strecke bis in die 90er-Jahre hinein ein Refugium der legendären sächsischen IVk, von deren rekonstruierter Variante an normalen Tagen bis zu vier unter Dampf standen.

Zwar wäre die DR die Strecken vermutlich gerne losgeworden, aber da das nicht ging, traten die Verantwortlichen schließlich die Flucht nach vorne an und übernahmen die meisten der Strecken in die Denkmalliste. Am Betrieb änderte das meist nichts, aber die meisten Freunde der Schmalspur sahen es mit Wohlgefallen. Für manche Strecke allerdings kam dies zu spät. Die Pressnitztalbahn von Wolkenstein nach Jöhstadt wurde Mitte der 80er-Jahre quasi über Nacht abgerissen – unter Zuhilfenahme russischer Großhubschrauber, die die Gleisjoche der kleinen Bahn einfach herausrissen.

In den alten Ländern war das Thema Schmalspur im Großen und Ganzen bereits Ende der 60er-Jahre abgeschlossen. Die Staatsbahn betrieb Anfang der 80-er Jahre noch zwei Strecken, nämlich die noch heute betriebene meterspurige Inselbahn auf Wangerooge und die knapp 20 Kilometer lange 750-mm-Strecke

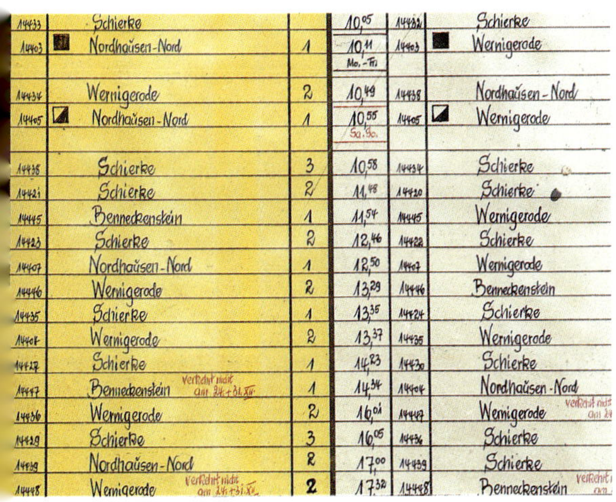

14433		Schierke		10,05	14432		Schierke
14403	■	Nordhaúsen-Nord	1	10,11 Mo.-Fr.	14403	■	Wernigerode
14434		Wernigerode	2	10,49	14438		Nordhaúsen-Nord
14405	◩	Nordhaúsen-Nord	1	10,55 Sa. So.	14405	◩	Wernigerode
14438		Schierke	3	10,58	14434		Schierke
14421		Schierke	2	11,48	14420		Schierke
14445		Benneckenstein	1	11,54	14445		Wernigerode
14423		Schierke	2	12,46	14422		Schierke
14407		Nordhaúsen-Nord	1	12,50	14407		Wernigerode
14446		Wernigerode	2	13,29	14446		Benneckenstein
14435		Schierke	1	13,35	14424		Schierke
14404		Wernigerode	2	13,37	14435		Wernigerode
14427		Schierke	1	14,23	14430		Schierke
14447		Benneckenstein verkehrt nicht am 24.+31.XII.	1	14,34	14404		Nordhaúsen-Nord
14436		Wernigerode	2	16,01	14447		Wernigerode verkehrt nicht am [illegible]
14429		Schierke	3	16,05	14436		Schierke
14439		Nordhaúsen-Nord	2	17,00	14439		Schierke
14448		Wernigerode verkehrt nicht am 24.+31.XII.	2	17,32	14448		Benneckenstein verkehrt [illegible]

WOHIN DIE RÄDER ROLLEN
Handarbeits-Fahrplan in Drei Annen Hohne, Oktober 1991

GESCHMIERT
Treibrad einer 99er

von Warthausen nach Ochsenhausen in Oberschwaben. Dort allerdings fuhren ausschließlich Güterzüge.

Heute dampft es wieder häufiger auf schmaler Spur. Neben den etablierten Strecken wie Bruchhausen-Vilsen – Asendorf oder Geilenkirchen – Schierwaldenrath sind auch »neue« alte Strecken wieder erstanden wie im Härtsfeld oder im Sauerland. Noch immer mit der Lok aus dem Eröffnungsjahr 1886 unterwegs ist die Chiemseebahn. Und eine ganz besondere Schmalspurbahn dreht Jahr für Jahr in Darmstadt buchstäblich ihre Runden: Dort dampft an ausgewählten Wochenenden ein Dampfzug auf Straßenbahngleisen durch die Stadt – auch das ist Schmalspurflair.

WINDSTILLE
Eine perfekte Spiegelung ermöglicht der See kurz vor Harzgerode. Im Bild 99 7240 mit P 14451 am Morgen des 24. Oktober 1990

OBENAUF
Auf der Strecke Ochsenhausen – Warthausen war im Jahr 1990 die 99 633 voll im Einsatz. Zum Abschluss gab's denn auch einen Kontrollgang

STEIFE ABENDBRISE
Ein steifer Wind weht am Abend des 29. September 1990 in Kühlungsborn-West. 99 2321 wartet auf die Abfahrt

Bild ganz oben:
MIT ALLER KRAFT
Dampfvorspann bei der Ausfahrt in Eisfelder Talmühle

Bild oben:
GASSEN VON BAD DOBERAN
Die Dampfbahn »Molli« fährt in Bad Doberan mitten durch die Stadt

DURCH DEN WALD
99 247 donnert mit P 14405 zwischen Elend und Sorge durch das ehemalige Sperrgebiet der innerdeutschen Grenze am 2. Februar 1991

99 247

DOPPEL-99ER
Gleich zwei 99er mühen sich im Oktober 1990 auf der Harzquerbahn bei Elend ab

MIT DAMPF IN DEN FEIERABEND
99 7246 macht mit dem Abendzug von Nordhausen in Eisfelder Talmühle Halt

INSELDAMPF AUF RÜGEN
Putbuser Bahnhofs-Szenerie
vom Juli 1991

DER URLAUB FÄNGT IM ZUG AN
Im Oktober 1991 gab es noch »richtige Reisende« auf der Brockenbahn. Bahnsteigszene in Drei Annen Hohne

99 7238-1

FRÜHZUG
Mit Sonnenaufgang verlässt der erste Zug des Tages von Gernrode nach Stiege den Bahnhof Straßberg im Oktober 1991

NOCH SCHNELL DER SCHREIBKRAM
Kurzes Dienstgespräch in Alexisbad, Juli 1991

IN BLAU UND WEISS
Winter im Harz: 99 7238 fährt aus Drei Annen Hohne aus

WASSERKOCHEN FÜR DIE STEIGUNG
Für die lange Steigung zwischen Hasserode und Steinerne Renne wird im Bahnhof von Hasserode am Morgen des 1. Februar 1991 der Kessel auf Hochdruck gebracht

TRADITIONSPFLEGE
Gut gepflegt wartet 99 5902 am Morgen des 3. Oktober 1991 im Bahnbetriebswerk Wernigerode auf den Sonderzug zum Brocken am ersten Tag der deutschen Einheit

WER WILL NOCH MIT?
Mit ihrem Personenzug ist 99 7232 am 12. April 1994 in Wernigerode-Kirchstraße eingetroffen

ZWISCHENSPURT
Zwischen Silberhütte und Straßberg ist die 99 7244 am 2. Februar 1991 mit ihrem Personenzug unterwegs

EINFAHRT ALEXISBAD
Den ehemaligen Kurort für Eisenbahner erreicht 99 7237 im Oktober 1991

SONNE CONTRA NEBEL
Der Tag ist gegangen, die Sonne kann sich nicht mehr gegen dichte Nebelfelder durchsetzten. 99 7237 mit einem Personenzug am 2. Oktober 1990 auf dem Weg von Stiege nach Hasselfelde

DEM ENDPUNKT ENTGEGEN
Kurz hinter Güntersberge geht es in die letzte Steigung für P 14463 zum Ziel der Fahrt in Stiege am 2. Februar 1991

99 7237-3

Bild ganz oben:
OSTSEELUFT
Rügen ist die größte der deutschen Ostseeinseln. Hier ist der Rasende Roland eine der Attraktionen für die Touristen

NACH HARZGERODE
Zwischen Alexisbad und Harzgerode geht es 2,9 Kilometer bergauf. 99 7237 befördert am 25. Oktober 1990 den P 14451 durch den Harz

Bild oben:
EIN BLICK IN DEN GARTEN
99 7245 bringt ihren Personenzug bei Gernrode in Fahrt

Faszination Dampflok

Dampflokfeste und Spektakel

Die Faszination der Dampflokzeit ging für die Eisenbahnfreunde seit jeher zu einem guten Teil von einer möglichst großen Anzahl der schwarzen Diven auf einem Platz aus. Rheine, Saalfeld, Hof – das waren Namen, bei deren Klang die Dampflokfreunde regelmäßig in Verzückung gerieten. Hingegen konnten in späterer Zeit Fahrten mit einzelnen Maschinen nur einen schwachen Abglanz dieser Ära bieten, die Züge wirkten zwangsweise mehr und mehr wie Fremdkörper. So war es kein Wunder, dass der Zulauf der Fans immer dann am größten war, wenn aus irgendeinem Anlass ein Dampflokfest gefeiert wurde, bei dem, mitunter mit enormem Aufwand, mehrere Maschinen zusammengeführt wurden. Und weil Eisenbahnfreunde findig sind, fand sich fast immer ein Anlass für große Feste. Manche Museumsbahn erhob das Dampflokfest zum Prinzip und machte es zu einem festen Bestandteil des Jahresprogrammes, so z.B. das Eisenbahnmuseum Darmstadt-Kranichstein. Dort hatten die Museumsbahner freilich seit jeher den Vorteil, über mehrere, zu einem guten Teil sogar betriebsfähige Dampfloks zu verfügen.

Aber das gegenseitige Aushelfen der Museumsbahnen, der Einsatz von Gastlokomotiven und ähnliche Aktionen wurden ebenfalls gepflegt – und das trotz erschwerter Bedingungen. Denn in dem Moment, in dem die Bundesbahn das Dampflokverbot verhängte, war an ein rasches Überführen der Maschinen nicht mehr zu denken. Sollte eine Maschine von ihrer Stammstrecke zu einem anderen Einsatzort wechseln, so musste sie dorthin kalt geschleppt werden, was zunächst bedeutete, sie »reisefertig« zu machen (also beispielsweise die Treibstangen abzunehmen). Desweiteren bedurfte es einer Lok, die die zur Arbeitslosigkeit verdammte Maschine zog – und die kam in den allermeisten Fällen von der Bundesbahn. Die wiederum ließ sich den Service teuer bezahlen. War das Ziel dann endlich erreicht, musste die Maschine wieder einsatzfähig gemacht und angeheizt werden, nach dem Einsatz ging es entsprechend wieder von vorne los. Alles in allem also eine außerordentlich mühsame Prozedur, die letztlich dazu führte, dass die Maschinen zunehmend sesshaft wurden.

Umso attraktiver waren dann Veranstaltungen wie die noch heute legendären Feste in Gammertingen auf der schwäbischen Alb. Wir erinnern uns: Im Jahr 1983 feierten die Eisenbahnfreunde Zollernbahn ihr zehnjähriges Bestehen. Aus diesem Anlass dampfte

MENSCHENTRAUBEN BEIM LOK-SCHAUEN
Vor lauter Besuchern fällt bei Dampflokfesten der Blick auf die Objekte der Begierde recht schwer – Szene vom Dampflokfest in Nördlingen im April 1995

VOLLER EINSATZ
Die Lokmannschaften leisten – meist ehrenamtlich – vollen Einsatz bei den Dampflokfesten. Das Personal der 012 100 hat eine anstrengende Fahrt von Hamburg nach Osnabrück hinter sich

es auf dem gut 100 Kilometer langen Netz der Hohenzollerischen Landesbahn drei Tage lang aus allen Rohren. Acht Dampflokomotiven, die 24 009, die 64 289, die 86 346, die 98 812, die GES-Loks 11 und 16, die 384 des MECF und die 10 der EFZ kamen zum Einsatz und lockten rund 30.000 Eisenbahnfreunde auf die an jenen Ostertagen buchstäblich raue Alb. Zwei Jahre später war das 150-jährige Eisenbahnjubiläum Anlass für eine verbesserte Neuauflage, nun waren es zwölf betriebsfähige Maschinen. Ähnliches veranstalteten Eisenbahnfreunde im Norden auf den Gleisen der Osthannoverschen Eisenbahnen. Im Jahr 1987 trieb der Dampflokkult besondere Blüten, dieses Mal war die Sauschwänzlebahn im Südschwarzwald Gastgeberin. Noch einmal wuchs die Zahl der Loks und belief sich schließlich auf sage und schreibe 15 Maschinen unterschiedlichster Größe. Allerdings schienen damit ganz offenbar die Grenzen erreicht, wenn nicht überschritten. Denn obwohl die Bahn seinerzeit für das Militär mit hauptbahnähnlichen Parametern wie Steigungsverhältnissen oder zulässiger Achsfahrmasse ausgestattet worden war, blieb sie eben doch zeitlebens eine Nebenbahn – und so wirkte es eben doch skurril, als die schwere dreizylindrige Schnellzuglok 01 1066 der Ulmer Eisenbahnfreunde mit schweizerischen Plattformwagen mit atemberaubenden 25 km/h ihre Runden drehte. Auch die Entgleisung der 38 1772, die daraus resultierenden betrieblichen Probleme und schließlich ein Unfall mit Personenschaden zeigten, dass derartige Großveranstaltungen wohl überlegt sein wollten.

Dennoch – bis heute haben die Dampfspektakel nichts von ihrer Anziehungskraft verloren. So ist das nach der Wende ins Leben gerufene »Dresdner Dampflokfest« im Frühjahr eines jeden Jahres längst zum »Jour fixe« im Jahreskalender der Eisenbahnfreunde geworden. Die Rieser Dampftage in Nördlingen ziehen Jahr für Jahr die Eisenbahnfreunde an, ebenso die vom Verkehrsmuseum Nürnberg veranstalteten Events wie das »Festival der Eisenbahn« im Jahr 2002. Dank der mittlerweile gelockerten Bestimmungen ist auch das Zuführen von Gastfahrzeugen in der heutigen Zeit längst kein Problem mehr. Dem Dampflokfreund kann's recht sein, kommt er doch so in den Genuss, eine Vielzahl unterschiedlichster Maschinen auf einem Fleck betrachten und vergleichen zu können. Als im Sommer 2002 die Pegnitztalbahn Jubiläum feierte, nahmen neben deutschen Maschinen auch Loks aus Polen, Österreich und Tschechien unter Dampf daran teil – historisch nicht korrekt, aber im Sinne eines zusammenwachsenden Europas identitätsstiftend. Dampflokfreunde haben die Grenzen längst überwunden, die Faszination der Dampflok ist international.

Doppelseite 108/109:
EIFELDAMPF
Hochbetrieb im Bw Gerolstein: Zum Plandampftreffen in der Eifel musste im Herbst 1994 das Bw in Gerolstein als Dreh- und Angelpunkt herhalten

Doppelseite 110/111:
OBERHOF
Als Wintersportort ist Oberhof über die Landesgrenzen bekannt. Dampflokfreunde kennen den schön gelegenen Bahnhof des Ortes von vielen Sonderfahrten über den Rennsteig

8
9
10
94 1292
58 311

50 3666
14

13
14
15
52 8168-8
52 8098-7
42 2768
94 1697

Quo vadis Dampf?

Wann erlischt das letzte Feuer?

Schon oft wurde die Dampflok totgesagt, und ebenso oft war eine solche Prophezeiung ein Muster ohne Wert. Sicher, nach Menschenermessen wird es irgendwann wirtschaftlich nicht mehr darstellbar, eine Dampflokomotive betriebsfähig zu erhalten. Andererseits ist der museale Erhalt alter Technik seit jeher eine zutiefst emotionale Angelegenheit. Solange es ehrenamtliches Engagement gibt, wird aller Voraussicht nach immer irgendwo ein Rauchwölkchen aus einem Schlot steigen. Denn der Enthusiasmus achtet nicht unbedingt auf die Wirtschaftlichkeit – und das ist gut so.

Die fast schon inflationäre Zahl betriebsfähiger Lokomotiven, die kurz nach der deutschen Vereinigung die Gleise in der ganzen Republik bevölkerte, ist längst wieder auf ein erträglicheres Maß zurückgegangen. Die Gründe dafür sind vergleichsweise einfach. Nach spätestens acht Jahren ist eine Dampflok zur Hauptuntersuchung fällig. Und je nach Größe kostet eine solche HU eine Summe im sechsstelligen EURO-Bereich. Dieses Geld will erst einmal verdient sein. Und da wartet dann die nächste Hürde: Der Markt für Nostalgiefahrten ist endlich und nicht beliebig erweiterbar. So sind mittlerweile zahlreiche Gruppen, die damals mit viel Elan gestartet sind, schon wieder in der Versenkung verschwunden. Die seinerzeit schon etablierten Vereine, die ihr Augenmaß bewahren konnten, existieren hingegen größtenteils noch immer und werden wohl das Feuer noch lange Zeit am Brennen halten.

Es ist also kaum möglich, eine Prognose zu wagen, ob es tatsächlich je soweit kommen wird, dass die Dampflok nur noch als Ausstellungsstück im Museum bestaunt werden kann. Aber mit einiger Wahrscheinlichkeit wird es in vielleicht kleinerem Ausmaß auch die nächsten Jahrzehnte noch dampfen in Deutschland. Für eine Reihe von

TIEFSCHNEE
44 1093 wartet im tief verschneiten Oberhof auf die Weiterfahrt durch den Brandleitetunnel

Maschinen wird es in den nächsten Jahren vermutlich »Feuer aus« heißen. Auch die stabil und dauerhaft gebauten Loks haben eine Verschleißgrenze, ab der ein Einsatz nicht mehr möglich ist. Neuralgischer Punkt ist häufig der Kessel. Zwar besteht die Möglichkeit der Neubekesselung dank des vorhandenen Knowhows und der Technik (z.B. in Meiningen) nach wie vor – aber nicht für jede Lok lohnt sich diese teure Reparatur.

Auf der anderen Seite zeigen Initiativen wie die Wiederinbetriebnahme der Schnellfahrlok 18201 im April 2002 neue Wege der Vermarktung auf, die möglicherweise so mancher Maschine eine betriebsfähige Zukunft sichern könnten. Sponsoring durch Modellbahnfirmen, zielgruppengerechte Vermarktung – mit den Instrumenten der modernen Zeit könnte die alte Technik einen weiteren Frühling erleben.

Fakt ist, dass das Interesse an den alten Maschinen ungebrochen ist. Obwohl die heute Heranwachsenden die »echte« Dampflokzeit nicht mehr erlebt haben, lassen sich viele von der ganz eigenen Atmosphäre dieser urwüchsigsten Form der Eisenbahn einfangen. Faszination Dampflok – als Sympathieträger für das Verkehrsmittel Eisenbahn ist die Dampflok noch immer unersetzlich. Wer hätte das gedacht?

IMPOSANTES SCHAUSPIEL
01 1100 mit Stichflamme im Bw Puttgarden am 23. Juli 1989

SCHNEE UND SONNE
Viel Schwung nimmt die Oberwiesenthaler Reservelok 99 1586 am Fuß der Steigung von Vierenstraße nach Kretscham–Rothensehma im Februar 1994. Über die Steigung werden 42 Höhenmeter auf einer Strecke von nur vier Kilometern überwunden. Eine Dampffahrt auf der Fichtelbergbahn von Cranzahl nach Oberwiesenthal gehört zu den Höhepunkten eines Urlaubs in der schneereichen Region

DER TAG KANN KOMMEN
Die Nacht ist zu Ende, in Gernrode wird die 99 7237 am Morgen des 25. August 1991 auf ihren Tageseinsatz vorbereitet

Nachfolgende Doppelseite:
MORGENDLICHE WINDSTILLE IN NORDDEUTSCHLAND
Die Schweriner 50 3445 dampft kurz nach Sonnenaufgang bei einer ihrer letzten Fahrten im Februar 1991 mit einem Frühzug über die Strecke Salzwedel – Stendal

SONDEREINSATZ VOR DEM LETZTEN GÜTERZUG
Am Freitagnachmittag des 29. Mai 1992 rumpelt 99 1713 nochmals für den Fotografen mit einem Güterzug über die Strecke von Radebeul nach Radeberg. Der Balkonschmuck eines an der Bahn liegenden Wohnhauses bietet den passenden Vordergrund für die DR-Traditionslok, die heute nur noch bei akutem Lokmangel im Personenzugdienst zum Einsatz kommt

01 IN MÜNCHEN
Die 01 509 der Ulmer Eisenbahnfreunde wartet mit ihrem Einkaufs-Sonderzug am 8. Dezember 2001 im Münchener Hauptbahnhof auf die Rückfahrt nach Stuttgart – im Hintergrund der Starzug der DB, der ICE 3. Am Haken hat die Dampflok auch Silberlinge, die noch immer zur Realität im Nahverkehr der Deutschen Bahn gehören

WIE GEHT'S WEITER?
Gespräch zweier Dampflokführer, die heutzutage stets auch Dampflokenthusiasten sind, im Führerstand der S 3/6 im Bahnhof Nürnberg

VIEL UNGEWISSES
Als sich die drei Bahner im Oktober 1991 in Drei Annen Hohne unterhalten, war die Zukunft der Harzquer- und Brockenbahn noch ungewiss

Deutsche Reichsbahn
99 7233

KAUM DURCHKOMMEN
41 360 fährt mit einem Sonderzug am 28. Mai 1989 vielbeachtet über den Bahnübergang in Westig

EISWAND AM TUNNEL
Während einer Abnahmefahrt der Meininger Dampflokwerkstatt ergab sich diese Aufnahme an einer Eiswand am Tunnel bei Förtha im Februar 1993

1185

ERHABENE LETTERN
Führerhausbeschriftung an der 41 360 im November 1988

STOLZ
So wie im Juli 1978 das Personal der 99 1790 in Schönfeld-Wiesa, haben auch heute noch die Dampflok-personale ein Lächeln für kleine und große Eisenbahnfreunde übrig

Nachfolgende Doppelseite:
GAR BUNT, DER ZUG
Eine außergewöhnliche Zuggarnitur zieht die T 9[1] mit dem Preußenzug der Blankenburg-Halberstädter Eisenbahn am Ortsrand von Blankenburg am 9. April 1994

Deutsche Reichsbahn
RBD Dresden
Bw Aue
K 57 9

1857

TERS Pilsener
WOLTERS Pilsener

DARUM IST'S AM RHEIN SO SCHÖN
Güter gehören auf die Bahn. Unterhalb der Burg Katz donnert 41 241 mit einem Sondergüterzug über die rechte Rheinstrecke durch St. Goarshausen